人工智能

一本书文化／编著

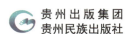

贵州出版集团
贵州民族出版社

图书在版编目（CIP）数据

人工智能 / 一本书文化编著 . —贵阳：贵州民族
出版社 , 2024.1
（写给孩子的前沿科技）
ISBN 978-7-5412-2816-2

Ⅰ . ①人… Ⅱ . ①一… Ⅲ . ①人工智能－青少年读物
Ⅳ . ① TP18-49

中国国家版本馆 CIP 数据核字（2023）第 216582 号

写给孩子的前沿科技
XIE GEI HAIZI DE QIANYAN KEJI
人工智能
RENGONG ZHINENG

一本书文化　编著

出版发行：贵州民族出版社
地　　址：贵阳市观山湖区会展东路贵州出版集团大楼
邮　　编：550081
印　　刷：三河市天润建兴印务有限公司
开　　本：710 mm×1000 mm　　1/16
版　　次：2024 年 1 月第 1 版
印　　次：2024 年 1 月第 1 次印刷
印　　张：6
字　　数：80 千字
书　　号：ISBN 978-7-5412-2816-2
定　　价：29.80 元

前　言

嗨，小朋友们！你们知道吗？我们所处的时代正在飞速发展，每一天都有全新的科技小奇迹诞生。想要成为小小探险家，我们要追上这些神奇科技的发展步伐哦！

你们看过火箭飞向太空，或者听说过可以与人聊天的机器人吗？其实，在我们这套《写给孩子的前沿科技》里，你们可以找到这些内容，甚至发现更多酷炫的科技故事哦！这套书共五本，每本都会带你们探索一个特别有趣的科技领域。

我们用通俗易懂的文字和生动有趣的图片，给你们讲述科技小故事。同时，我们还将带你们走进一些非常熟悉的场景，让你们看到科技是如何让我们的生活变得更加精彩的。这样，不仅可以激发你们对科技的好奇心，而且你们还会发现，原来科技是那么好玩和有趣！

希望通过这套书，你们能够发现科技的奇妙和魅力，并且爱上科技。快来和我们一起踏上这段奇妙的科技探险之旅吧！

目 录

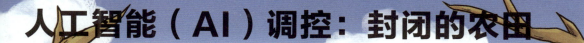

人工智能（AI）调控：封闭的农田

冬天，大部分植物都已经落叶了，坐在阳台上的小华却无心关注，此刻的她心里想着的是粮食问题。小华心想："要是冬天也能种庄稼该多好呀！"

王博士仿佛看出了小华内心的想法，带她来到了一个封闭的大屋子外，小华第一次看到了"封闭的农田"。王博士还告诉小华："根据《汉书·召信臣传》记载，我国早在 2000 多年前就开始利用大棚种植蔬菜了。"但是，小华怎么也想不明白，这个封闭的大屋子，怎么能种庄稼呢？

下面我们来看看这个封闭的农田吧！

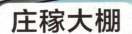

庄稼大棚

为了温度均衡，不受外界温度的干扰，需要建造一个塑料棚。这个塑料棚可以透光、保温。

温度调节灯。温度调节灯安装在农作物的周围，它的原理很简单，即电流通过电灯，电灯发热，由此释放出热量。当然，在开关装置上，安装了一个可以控制电流大小的装置，它可以根据温度的情况，实时调节温度。

水肥一体化。这是一种液体输送装置，这种液体包含农作物所需的肥料和水分。

通风口。即便整个农田是封闭的，也要考虑空气的流通，因此我们需要安装一个通风口。通风口由风扇叶片进行空气输送工作，以此达到空气流通的效果。

当然了，大的农田，我们还可以在里面配备一台小型收割机，这种收割机可以提高工作效率。

农田周围需要有道路，以便农用机到农田里工作。

庄稼大棚设备

农田里的所有设备都是有用的，有了它们，农田生产效率能得到很大的提高。那么，你知道这些设备的工作原理吗？跟我一起来了解它们吧！

温度调节灯，主要由钨丝或者其他电阻较大的材料组成，外壳是玻璃。当电流通过钨丝时，会发出热量，热量传递到空气中，从而改变空气的温度，达到提高农田空间内温度的作用。

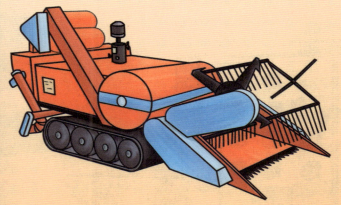

收割机，是一种依靠发动机以及传动装置工作的机器。农作物被卷入收割机中，收割机再把农作物的果实跟植株剥离。果实留在收割机的小仓库里，秸秆还田，从而实现收割。

农田的屋顶，大多采用平板玻璃。平板玻璃是建筑玻璃中生产量最大、使用最多的一种，主要用于制作门窗，起到采光（可见光透射比为 85%~90%）、围护、保温、隔音等作用。

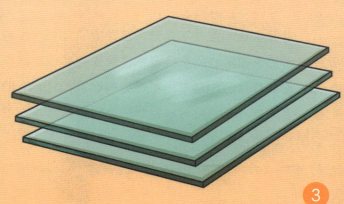

庄稼大棚设备

风扇主要由两部分构成，一部分为电动机，另一部分为风叶。电动机通电后，即可转动，通过传动轴，带动风叶转动，风叶的转动能带动农田的空气流通。

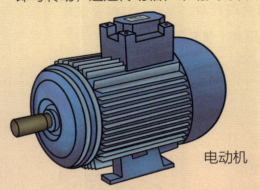

电动机

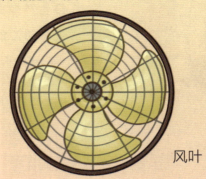

风叶

浇灌设备主要由两个部件组成，一是水管，二是阀门。水管是一个引水设施，负责把水引导到阀门前，再通过阀门控制把水输送到农作物需要的地方；阀门是一个可以自由开关、调节和控制水流量、压力和流动方向的装置。当人们需要灌溉农田时，只要打开阀门，水管里的水就会喷洒，使农作物得到水分的滋养。

看完这些，你是不是觉得还能做点什么？是的，其实我们还可以把农田里的所有设备联通起来，通过智能控制技术，让这些设备自动运作起来。不要觉得很难，只要我们够努力，掌握更多知识，我们就可以发明一个完全不需要人工操作的封闭农田。比如，学会利用人工智能知识，就可以解决这个问题。

码头里的无人驾驶

夏天，阳光火热地照射着大地。电视里，全神贯注地操纵着机器的码头驾驶员，被汗水浸湿了衣服。见此，小华皱起了眉头，说："如果不需要人工操作该多好啊！"

王博士拍了拍她的肩膀，温和地说："孩子，不用担心，现在我们已经研发出了自动运载机器。走，我带你去看看。"

小华兴奋起来，跟着王博士来到一个自动化码头。只见码头空无一人，但是所有的设备都能有条不紊地自动运行。小华心里很是疑惑：这么多的集装箱，自动运载机器是怎么运输的呢？

让我们一起来看看码头里的无人驾驶吧！

码头上的设备

岸桥，又称为岸边集装箱起重机，主要对港口的集装箱进行抓取、检查、卸载。

全自动化双小车桥吊，是一种起重设备，它工作过程都是自动化的，不需要人来操控。你看它，能够快速锁定、抓取集装箱，然后又将集装箱提升到高空，并运送到运输点。

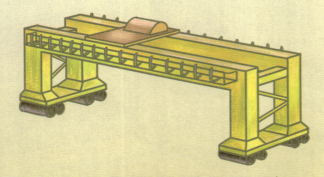

这种长得跟一座桥一样的吊车，叫全自动化轨道吊，它是港口重要的起重设备，负责抓取运输车上的货物，在短短三十秒内，集装箱就可以被准确、整齐地摆放在堆场上，厉害吧！

无人驾驶自动化车辆，采用电能驱动，在运输点接到货物以后，会按照预定的运输路线，把货物运送到岸边的集装箱堆放区。

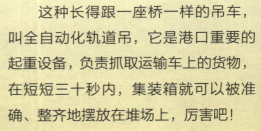

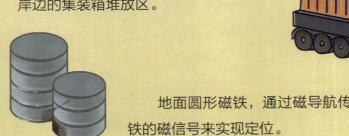

地面圆形磁铁，通过磁导航传感器检测磁铁的磁信号来实现定位。

码头上设备的工作原理

自动化码头的设备都是有用的，有了它们，集装箱的运输效率得到了很大提高。那么，你知道这些设备的工作原理吗？跟我一起来了解自动化码头吧！

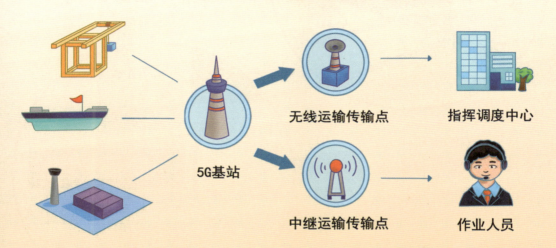

5G基站

无线运输传输点

指挥调度中心

中继运输传输点

作业人员

　　自动化码头通过第五代移动通信技术（5G）、北斗卫星导航系统、人工智能的应用，实现码头全流程自动化作业。自动引导运输车，是无人驾驶自动化车辆在电脑的控制下，按照要求行走并停靠在指定地点，完成运输任务的。

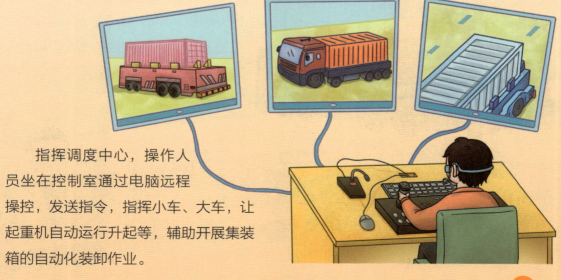

　　指挥调度中心，操作人员坐在控制室通过电脑远程操控，发送指令，指挥小车、大车，让起重机自动运行升起等，辅助开展集装箱的自动化装卸作业。

码头上设备的工作原理

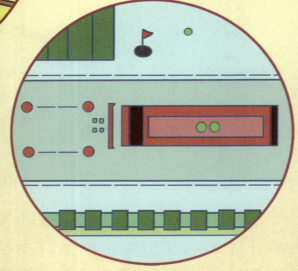

全自动换电站，通过风能、太阳能等清洁能源生产电力，减少了二氧化碳的排放量，保护了环境。

水平运输的自动化，运用多图层融合技术构建互联网地图，实时汇集船舶、岸桥、水平运输机器人等的位置，了解充电桩、道路、围栏等基础设施的地理信息，保证水平运输流畅。

水平运输机器人，通过高速5G网络，可以了解机器人的速度、位置及方向，使多台机器人可以同时在道路上行驶，保障行车路线的安全。

自动化运输需要更多"智慧"，只要我们不断努力学习科学知识，就可以让港口更绿色、更高效，让码头工作更安全、更人性化。相信在科技创新的带动下，自动化码头未来发展将超乎我们的想象。

人工智能（AI）服务：银行大厅里的机器人"服务员"

这天，小华跟王博士去银行办理业务。刚走进大厅，一声"你好"从身旁传来。小华看着身旁的机器人，和自己差不多高，脑袋圆溜溜的。小华忍不住惊叹起来："机器人，你真可爱！"

机器人回答了一句："我叫天天，谢谢你的夸奖！"

一旁的王博士微笑着问："天天，你好，你可以带我们去办理业务吗？"机器人转了个方向，说道："就在那边，我带你们去吧。"

小华又惊奇又开心，她想了解更多关于机器人的事，和机器人成为好朋友。

下面我们一起来认识银行大厅里的机器人"服务员"吧！

智能机器人零件

安装在嘴巴处的环状话筒是高级的语音引擎，它不仅能识别人们的声音，还能发出声音，回答人们的问题。

智能机器人的眼睛装有摄像头和传感器，它们能帮助机器人识别客人的到来，然后迅速上前欢迎。

取号

胸前的大屏幕能显示人们想要的信息，我们说出需求，然后大屏幕会迅速做出反应，给我们想要的答案。

当人们在智能机器人的大屏幕上点击"取号"键时，智能机器人肚脐处会自动打印出排队号。

智能机器人的脚下装有轮子，它可以借助轮子在大厅内自由移动，引领我们去业务窗口。

智能机器人工作原理

银行的智能机器人具有多种多样的功能，有了它，银行的工作效率得到了很大提高。那么，你知道机器人的工作原理吗？跟我一起来了解吧！

摄像头将生成的光学图像投到传感器上转为电信号，由传感器将电信号传给芯片，最后由芯片识别判断进到银行中的客户是谁。

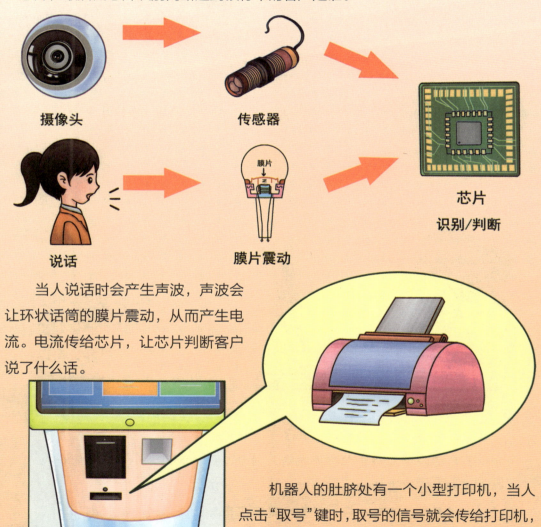

摄像头

传感器

说话

膜片
Z
膜片震动

芯片

识别/判断

当人说话时会产生声波，声波会让环状话筒的膜片震动，从而产生电流。电流传给芯片，让芯片判断客户说了什么话。

机器人的肚脐处有一个小型打印机，当人点击"取号"键时，取号的信号就会传给打印机，然后打印机就会打印出相应的号码。

11

智能机器人工作原理

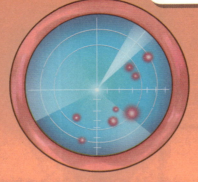

运用雷达对周边环境进行检测，掌握物体的位置。

通过视觉导航来规划路线，知道自己的位置。

使用超声波测量物体的距离，以避开障碍物。

每个机器人可以由人工后台控制，通过变声器处理，一个人可以同时操作多台机器。他们对机器人进行远程监控，使机器人可以根据周围环境的变化做出相应的反应。

银行的智能机器人为客户带来了不一样的服务体验，使各项业务的办理变得更加方便快捷。但是在短时间内，机器人还离不开人工的操作和帮助，没能达到真正的智能化，这就需要我们不断研究，开发出更多应用技术，不断试验，制造出真正的智能机器人。

工厂里的机械臂

小华看着眼前的一幕，不禁赞叹："这些机械臂动作真快呀！"

原来小华和王博士来到了工厂。

王博士告诉小华："为了更快发展军工，1947 年，首台遥感机械臂在美国诞生。随着科技的发展，现如今机械臂被使用在各个领域，例如被用在工厂里生产汽车；被用在火星车上，帮火星车在火星的岩石上取样等。"

小华感叹："现在科技发展真快，原来机械臂的作用那么大！"

下面我们一起来看看工厂里的机械臂吧！

各种机械工作

机械臂的身体有多根轴，犹如人手臂上的多个关节，能使机械臂 360 度自由旋转，随意伸缩，做出不一样的动作。

手腕是手和胳膊的连接通道，能够调节被抓取物体的方向，它让物体往东，物体绝对不会往西，能把物体"管"得乖乖的。

手臂非常有力量，可以支撑被抓的物体。它还是手的"领头大哥"，能带着手去抓取物体，并按要求搬运到指定的位置。

机械手负责抓取和放置物体。它的神奇之处在于，既能在同一水平线上移动物体，又能随时转身抓取物体。

腰是手臂的有力支持者，它能支撑手臂，还可以让手臂转动。

底座用于安装和固定脚，使机械臂可以站稳，即使刮来一阵大风，也不会轻易倒下。

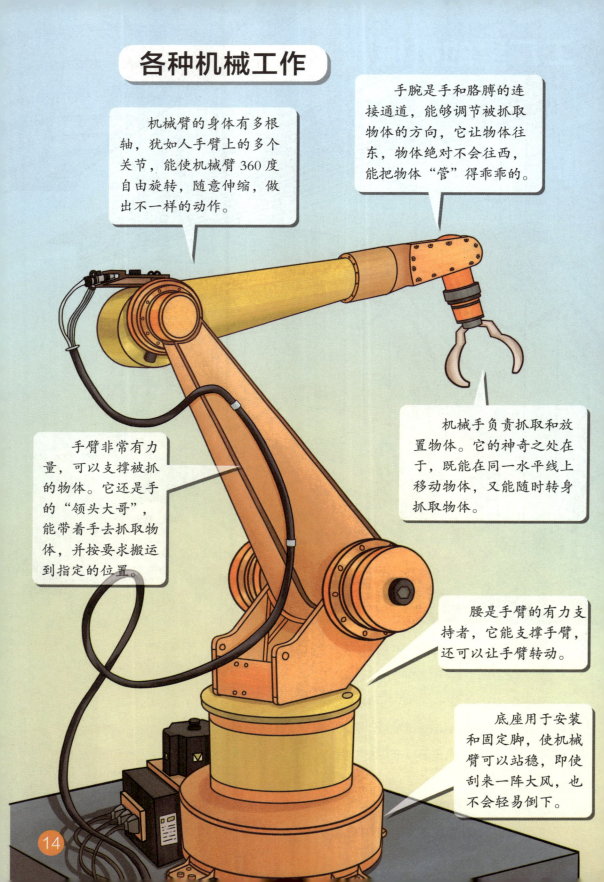

14

机械臂工作原理

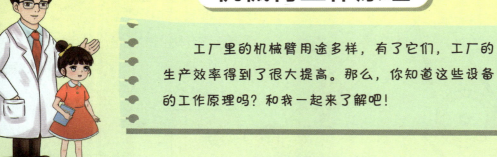

工厂里的机械臂用途多样，有了它们，工厂的生产效率得到了很大提高。那么，你知道这些设备的工作原理吗？和我一起来了解吧！

控制系统发出指令后，许多根轴就会行动起来，使身体自由移动、旋转和伸缩。

操作机相当于机械臂的手，由一连串相对灵活的部件构成，用于抓取或移动物件。

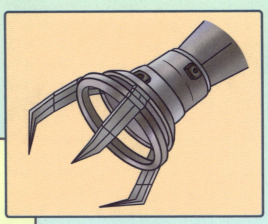

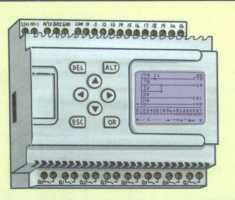

使用可编程序控制器，人们把想法、方法导入电脑，输入程序，机械臂就会按照指令，完成搬运或焊接工作。

15

机械臂工作原理

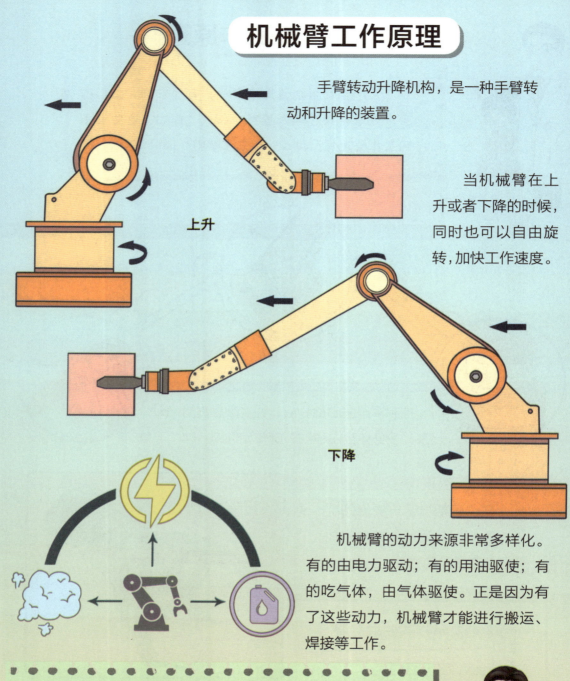

手臂转动升降机构，是一种手臂转动和升降的装置。

当机械臂在上升或者下降的时候，同时也可以自由旋转，加快工作速度。

上升

下降

机械臂的动力来源非常多样化。有的由电力驱动；有的用油驱使；有的吃气体，由气体驱使。正是因为有了这些动力，机械臂才能进行搬运、焊接等工作。

随着现代化工业的发展，机械臂在其中发挥的作用是不可忽视的。但它们也有各自的缺点，如工作范围有限，不能完成大规模搬运等。这就需要我们努力学习科学知识，运用现代科学技术，不断完善机械臂，使生产过程的机械化和自动化水平不断提高，减轻人们繁重的体力劳动负担。

家里的智能开关

　　这天晚上，小华和王博士来到实验室，面对一片漆黑的屋子，小华心里想："真麻烦呀，如果只要一说话灯就自动亮该多好呀！"

　　还没等小华反应过来，王博士说"帮我开灯"，实验室的灯就立刻打开了。

　　小华很惊讶，原来真有能声控的开关呀。

　　王博士告诉她："这都是姜伟的功劳，1992 年他发明了声控开关。我们现在不断将这项技术完善，已经趋近成熟了。"

　　下面我们一起来看看家里的智能开关吧！

智能开关系统

家里装有智能语音控制开关，只需要说一声"帮我开灯"，智能系统就会帮我们开灯。

帮我开灯

夏天天气热再也不用找遥控器，只要说一声"帮我打开空调"，空调就会自动打开，还能自动调节到人最舒适的温度。

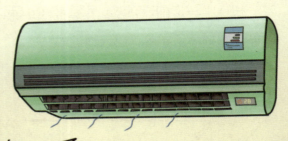

帮我打开空调

晚上，我们坐在沙发上时，电视会自动打开，并调到我们喜欢的频道。

早上我们不用调闹钟，智能开关会帮我们打开窗帘，阳光从窗户照射进来，我们能自然清醒。

智能系统会帮我们检测当前的空气环境，感知外部的天气变化，让我们在一个舒适的环境中生活。

智能开关工作原理

家里的智能开关有许多功能，自从有了智能开关，居家生活质量得到了很大提高。那么，你知道智能开关的工作原理吗？跟我来了解一下吧！

智能电脑之间交流时所用的共同语言叫做通信协议。设备通过互联网进行数据的连接、交换及通信，自动完成工作。

智能开关的操作系统方便人、开关、家居设备三者的连接和互动，当人发出指令后，开关与设备就会工作。

中央处理器是并行指令的核心部件。所有的指令都要通过中央处理器，中央处理器再将这些指令发送到各个智能设备。

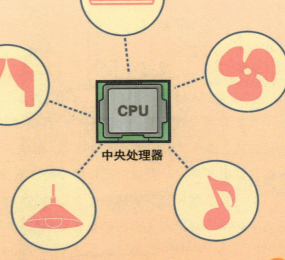

中央处理器

智能开关工作原理

人发出声音是麦克风将声音转换成电流，形成指令的。

想要知道外面的天气变化，就需要风雨遥感器来帮助我们检测。

发出信号

感应

风雨遥感器

当刮风下雨时，风雨遥感器会发出信号，智能开关会帮我们关上窗帘、门窗等。

　　智能开关一键可控制全屋家电，灵活便捷，改善了人们的生活方式，提升了人们生活的幸福感。相信只要我们不断努力，发展智能电子技术，会有更多传统家电实现智能化。

　　到时只要有网络，家居设备就能自行运作，一起工作。希望在不久的将来，人人都能拥有智能家居！

我家那台勤奋的扫地机器人

又到了大扫除时间，偌大的屋子，小华舒舒服服地躺在沙发上看着扫地机器人打扫，说："原来躺着也能打扫卫生。"

王博士微笑着说："小华，你来说说扫地机器人的历史。"小华蒙了，她哪里知道扫地机器人的历史。王博士告诉她："1997年，科学家发明了第一代扫地机器人，不过它的扫地速度比较慢，使用寿命不长，所以没有普及。现在科技不断进步，扫地机器人不断被完善，才让你在沙发上躺着也能把地扫了。"

小华尴尬地摆了摆手，起来和王博士还有扫地机器人一起打扫卫生。

下面我们一起来看看这个扫地机器人吧！

扫地机器人组成

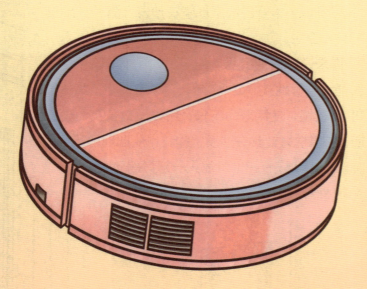

这个像圆盘一样的无线机器，就是扫地机器人的主机。圆盘的机器人能降低和家具碰撞的概率。

它可以自动导航、识别家居物体种类、避免障碍物、进行视频通话，完成整个房间的巡视和清扫。

扫地机器人的扫地工具是边刷和滚刷，边刷可以将灰尘、碎屑等扫进扫地机器人的肚子里；滚刷可以将比较难吸起来的灰尘扫起来。

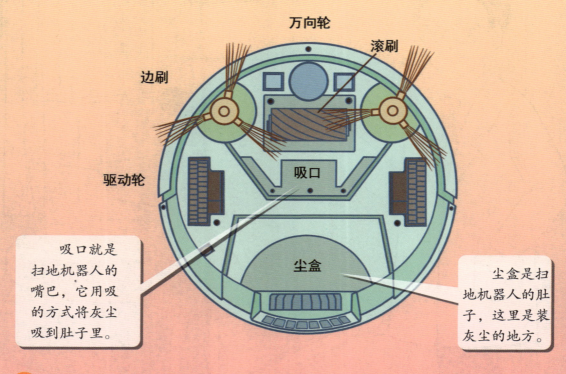

万向轮

滚刷

边刷

驱动轮

吸口

尘盒

吸口就是扫地机器人的嘴巴，它用吸的方式将灰尘吸到肚子里。

尘盒是扫地机器人的肚子，这里是装灰尘的地方。

扫地机器人工作原理

扫地机器人具有多种多样的功能，有了它，人们打扫卫生的效率得到了很大提高。那么，你知道扫地机器人的工作原理吗？跟我一起来了解吧！

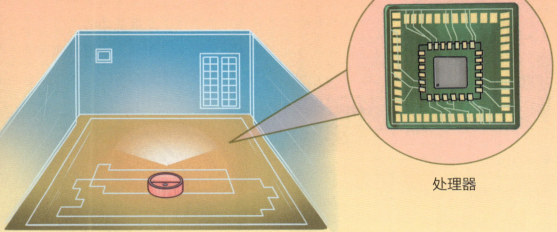

处理器

处理器是扫地机器人的核心，它能对环境进行分析，并将地图与导航信息结合起来，从而构成一条线路；最后由执行模块按照指令行走。

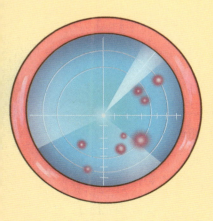

扫地机器人身上装有激光雷达，当激光发射到物体表面时，物体会反射回来光信号，通过处理器识别，然后给出避开物体的信号。

23

扫地机器人工作原理

视觉系统能够知道人和宠物在哪儿，不与人或宠物发生碰撞。

结合智能语音，可以随时召唤扫地机器人来身边打扫。

扫地机器人的导航功能，可以精确地探测到细小的物体，对各种复杂环境进行快速扫描，不受光线明暗影响。

随着扫地机器人的出现，很多时候我们就不用自己打扫卫生了。虽然它受到了人们的欢迎，但仍有一些方面需要改进。比如扫地机器人制造费用昂贵、电量不耐用等。相信经过不断的努力，扫地机器人的智能程度会越来越高，为人们的日常生活提供更好的帮助。

超市里的自助收银机

　　超市在进行促销活动，小华趁机买了好多零食，心里美滋滋的。来排队结账时，面前只有自助收银机没有收银员，小华不知道该怎么用，不过有王博士在，他在自助收银机的屏幕上点了点，就完成了结账。

　　王博士笑着对小华说："这是自助收银机。现在自助收银机开始在超市普及，帮助我们快速结账。"

　　下面我们一起来看看超市里的自助收银机吧！

自助收银机设备

电子触控屏显示给客户当前选择的商品信息。

每个商品上都有条形码，条形码是商品的标识，在扫描区扫描了条形码，就可以显示价格。

商品	数量	价格	
xxx	− 1 +	¥	🗑
xxx	− 1 +	¥	🗑
xxx	− 1 +	¥	🗑
xxx	− 1 +	¥	🗑
		合计：¥	

支 ✅ 打开付款码支付

① 扫描商品条形码　② 扫描用户付款码

6 901234 567892

刷脸支付，既高效又便捷。当然也可以用手机扫码支付，你想用哪一种都可以，由你选择。

扫描区

取走小票

放购物篮

扫描区可以识别客户已经选择了什么样的商品，经过扫描后，将价格输入电脑中，等待结算。

放购物袋

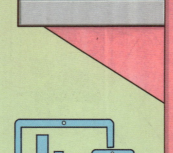

多台机器的数据可以共享使用，各机器销售数据以收银机编号区分，清晰可查。

自助收银机工作原理

自助收银机能做很多事情，有了它，超市的工作效率得到了很大提高。那么，你知道它的工作原理吗？跟我一起来了解吧！

触摸屏里面带有电流，人体中也有微小的电流，当我们的手指触摸屏幕时，屏幕里的一些电流就会转移给人体。通过电流的变化，处理系统就可以知道你的手指所在的位置，然后直接帮你进行想要的操作。

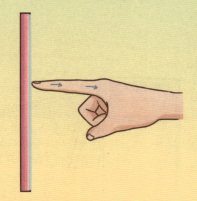

6 901234 567892

扫描商品时，扫描器读取商品条形码的信息，然后送给电脑进行处理，从而完成商品的信息显示。

商品	数量	价格
xxx	－ 1 ＋	￥ 🗑

打印头

打印机，打印头与热敏纸（一种特殊的纸）接触，对热敏纸进行加热，热敏纸就会出现文字或图形，在滚筒的带动下，购物小票就打印出来了。

热敏纸

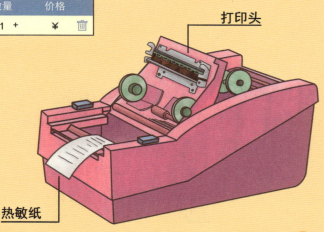

自助收银机工作原理

安装高清摄像头，利用人脸识别技术，实现刷脸支付功能。

通过网络这个虚拟平台，完成信息的传输、接收和共享，具体包括有线网络和无线网络。

有了自助收银机以后，我们再也不用排长长的队，很快就能结账，真是方便极了。事实上，自助收银机并不只是在超市里才有，它在餐厅、奶茶店、便利店都有。只要我们继续努力，掌握了一定的科技，就能开发出更多的智能产品，让我们的商品零售业，变得更有效率、更有智慧。

我的伴读机器人

　　周末，王博士给小华买了一台伴读机器人。小华左思右想也想不明白，这样一个小小的机器人，是怎么陪伴小朋友们学习聊天的呢？

　　小华打开伴读机器人，伴读机器人"说话"了："你好，小朋友，我是伴读机器人，我能和你快乐学习英语、语文、数学，还有大量的课外知识哦。"

　　在王博士的帮助下，小华和伴读机器人读起了古诗。

　　让我们一起看看这台伴读机器人吧！

伴读机器人的组成

开关是伴读机器人颈后的一个小小按钮，想要唤醒伴读机器人，就必须点击这个按钮。如果想让伴读机器人进入休息状态，则需要再次点击开关。

开关

作为机器人，它并不能像人类一样持续保持生命力，要想使伴读机器人拥有能量，就要依靠电源为伴读机器人充电。

充电口

芯片是伴读机器人身上最宝贵的零件，它是伴读机器人的"大脑"，伴读机器人之所以如此博学，都是芯片的功劳。

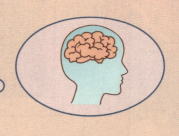

感应器便是伴读机器人的"眼睛"与"耳朵"，它令伴读机器人能够扫描识别面前的事物，畅通地在屋子里行走；令伴读机器人能够感知周围的声音，听从人们的指令。

喇叭是伴读机器人的"嘴"，令伴读机器人能够与小朋友畅谈，为小朋友读书、唱歌。

肚子中间是一块拥有强大功能的控制部件，在这里你可以选择与伴读机器人玩耍的各种模式。

伴读机器人工作原理

正是由于各零部件的紧密合作，我们才能看到一台既灵活又聪明的伴读机器人。

那么，这些零部件到底又是怎样进行合作的呢？让我们一起来探索一下吧！

开关和电源由许多精密电线连接，它们形成了电路。

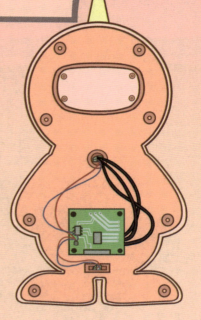

电流通过这些电路在机器人身上游走，为它们提供能量，从而支持着其他零件的运行。

首先是采集输入声音，令指令声音能够传递给伴读机器人。

接下来要进行感应器语音的识别与理解，伴读机器人能够识别并且理解人的声音，然后根据人的指令行动。

伴读机器人工作原理

伴读机器人合成语音后输出给喇叭，它可以根据人的提问进行作答。为了令伴读机器人更贴近人类，伴读机器人已经多次学习人类的声音。

芯片是伴读机器人的中枢系统，它通过精密的算法与程序进行。通过各类芯片的植入，伴读机器人能够储存和识别巨大的数据，并向伴读机器人发出信号与指令，支持伴读机器人多种功能的运行。

了解过伴读机器人工作的原理，你是否也在感叹，这个小小的机器人蕴藏着人类巨大的智慧呢。这便是科学和科技的强大力量。如果足够努力，或许未来的某一天，你也可以发明出更加聪明的机器人。

不用呼吸的水下机器人

　　"哇，真神奇呀！"此刻的小华完全沉浸在"海底世界"的电视里。可接着，一个疑问冒了出来："这么多神秘的动物，是如何被我们发现的呢？"她转头问了问王博士。

　　王博士缓缓说道："孩子，这奇妙的海底世界能被我们发现，有一个大功臣，它叫'水下机器人'。"

　　但是，小华不明白，这个水下机器人都能做什么呢？

　　下面让我们一起来看看这个水下机器人吧！

水下机器人组成

手握操纵杆左右摇动，就可以对机器人进行控制，使机器人按照要求在水里工作。

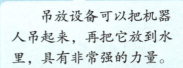

吊放设备可以把机器人吊起来，再把它放到水里，具有非常强的力量。

电缆是一根特制的绳索，用来传输电力和信号，用于交换水里和水面的信息，为潜水器提供动力。

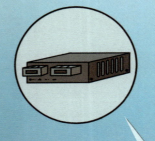

中继器也被称作信号放大器，是用于加强信号、扩大网络的一种设备，能让机器人发现水下世界的更多地方。

潜水器是机器人的本体。在水里工作时，能潜入深水中代替人完成某些任务，比如安全搜救、拍摄视频、研究水里的动物等，是我们开发海洋的重要伙伴。

水下机器人工作原理

水下机器人具有广泛用途，有了它，海洋探测的效率得到了很大提高。那么，你知道它的工作原理吗？和我一起来了解吧！

潜水器本身装有观测设备，如摄像机、照相机、照明灯等，这些都是机器人的"眼睛"。有了它们，机器人能看清物体，也能记在脑子里，为我们保存很多珍贵的画面。

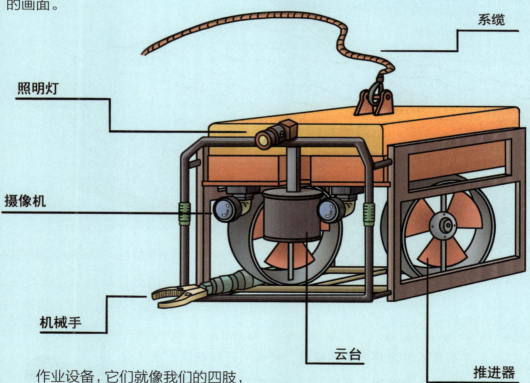

系缆

照明灯

摄像机

机械手

云台

推进器

作业设备，它们就像我们的四肢，是机器人身体的重要组成部分。比如机械手、切割器、清洗器等，分别负责抓取、切割和清洗等工作。

推进器通过螺旋桨获得推力，以便有力推着潜水器前进，是潜水器的最佳"幕后推手"。

水下机器人工作原理

机器人能在水里进行工作，离不开操作员的控制和监视。操作人员通过人机交互系统，用特殊的语言下达命令，并接收经过电脑处理的信息，对潜水器进行监视并排除故障，让机器人更大胆地在海里遨游。

利用水下智能系统，机器人在接收到任务以后，可以自己分析环境，做好路线规划，主动完成任务，变得非常"懂事"。

水下机器人的出现与广泛使用，使我们开发海洋方便了很多。水下机器人会做很多事情，它会检查管道、维修船只……只有你想不到，没有它做不到！

但还有一些技术问题需要解决，比如水下活动范围有限、不能保证长时间工作等。这就需要我们不断更新技术，帮助水下机器人变得更好！

远在千里之外的外科医生

　　晚间新闻开始了，画面里，一个机器人正在给动物做手术，切开、分离、缝合……一举一动非常专业。小华不禁赞叹："我们的医疗技术真厉害呀，机器人也可以当医生，给动物做手术。"王博士跟小华说："这是 2019 年，我国一名外科医生利用 5G 网络技术，远程控制机器手术，还入选了 2019 年未来科技（智能制造）十大事件呢。"

　　下面让我们一起来看看远程手术吧！

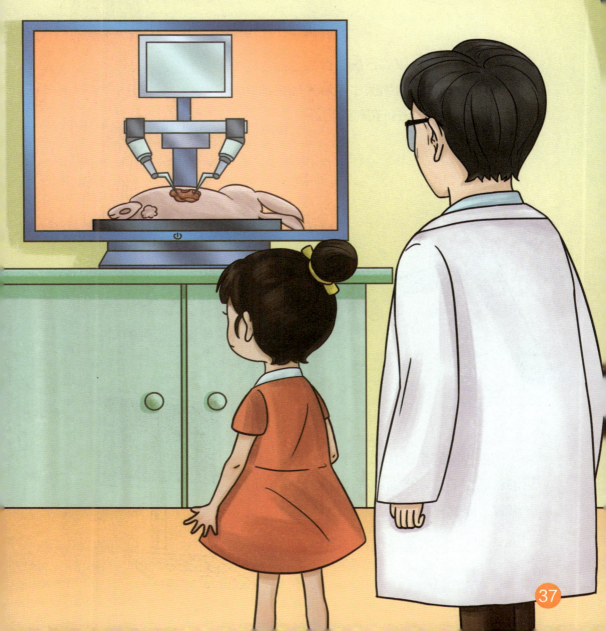

远程手术需要什么

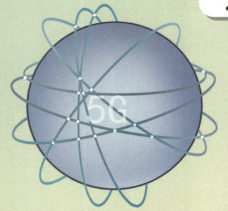

通过 5G 网络技术实时传输现场画面，医生发送手术指令，指挥机器人进行手术操作。

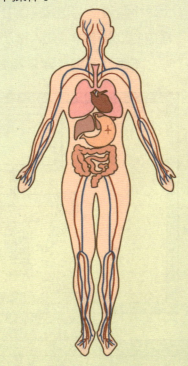

光学跟踪系统就像是机器人的眼睛，可以帮助医生了解人体内部，对手术过程进行实时监测。

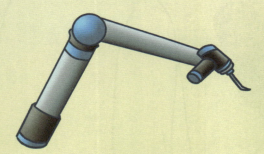

机械臂相当于机器人的手臂，它动作准确，能模仿医生的样子，进行手术操作。

主控电脑系统犹如机器人的大脑，能够将医生的想法传递给光学跟踪系统和机械臂，以此来开展行动。

远程手术工作原理

远程手术具有很大优势，它能突破空间的限制，帮助有需要的患者。那么你知道它的工作原理吗？和我一起来了解吧！

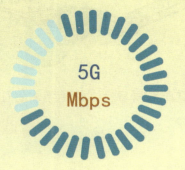

5G
Mbps

利用 5G 网络技术低时延特点，缩短信号发送与接受的间隔时间，使医生能够在很短的时间内，看到清晰的视频画面，并发出相应的手术指令。

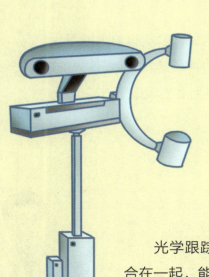

光学跟踪系统，它和 X 光透视机 C 型臂结合在一起，能够看到人体内部，并把看到的内容传到电脑主控台。

远程手术工作原理

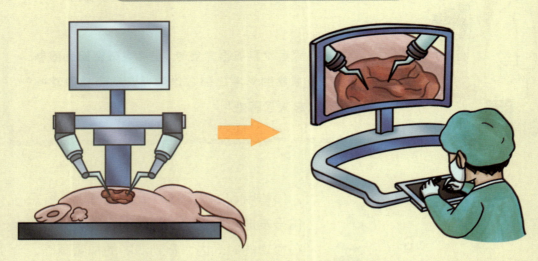

　　机器人的大脑对看到的图像进行分析，并显示在电脑屏幕上，然后手术者在屏幕上画出手术路线，最后下达指令，由机械臂来完成。

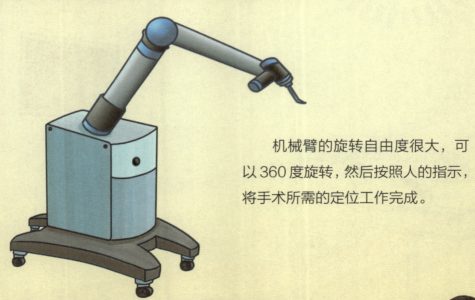

　　机械臂的旋转自由度很大，可以360度旋转，然后按照人的指示，将手术所需的定位工作完成。

　　远程手术的实现得益于5G网络技术和手术机器人，相比于人的手，机械臂可以突破人类极限，在狭小的空间自由旋转，不会疲劳，更加稳定。随着医学水平的发展和科技的进步，远程医疗逐渐成为现实，医疗技术迎来新时代。

没有矿工的矿场

　　傍晚，小华和王博士看着电视里的新闻节目。一座现代化的新型矿场引起了她的注意。小华疑惑地问："这座矿场里为什么看不见工人呢？""因为这是一座现代化无人矿场。"王博士解答了小华的疑惑。

　　王博士告诉小华："最初，我们的矿场开采最主要依靠的是人力，每一颗矿石都凝结了工人们无数的汗水。后来，各类机械化采矿设备诞生，工人们不再像过去一般辛苦了，但开采效率依旧有限。如今，人工智能的发展让采矿也得以实现智能化，早在 2017 年，便有无人矿场试运行成功。现在，智能矿场更是普及开来，成了矿业新星。"

　　那么，就让我们来了解一下没有矿工的矿场究竟是如何运行的吧！

无人矿场构成

远程控制中心是新型矿场的中枢。在这里，工作人员通过电脑调度来运行室外的各类设备。

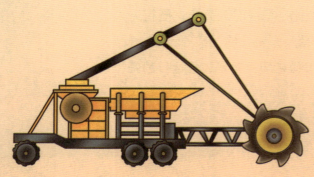

自动化碎石机是新型矿场的采石装备。自动化碎石机与远程控制系统配套，通过电脑远程操控运行，将矿区的矿石打磨成合适的大小。在新型矿场中，一名操作工人可以同时指挥几台碎石机。

无人驾驶矿车是新型矿场的运输装备，负责将采集来的矿石运载到指定位置。指挥人员向矿车发送指令后，矿车会自动遵循既定路线，来到指定的矿区进行装载，无须人力操纵。

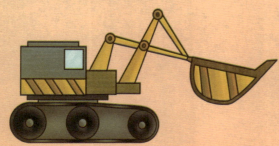

铲装设备是连接采矿与运输环节的桥梁。当无人驾驶矿车到达指定矿区，铲装设备便会启动，将区域内的矿石悉数送上矿车。

无人机是新型矿场的安全检查装备。正式施工之前，会先由工作人员操纵无人机全面巡视施工场地，排查安全隐患。

无人矿场工作原理

新型矿场中的各类设备实在是让人大开眼界。那么，它们的工作原理又是什么呢？让我们来了解一下吧！

远程控制中心的运作依靠的是远程控制技术。通过无线信号，人们可以在一台电脑上向远距离的其他电脑发出指令，被控制的电脑收到指令后，便会调动其连接的设备运作起来。

自动化碎石机靠电机的驱动，电机会带动粉碎部件的旋转，带来巨大的压力，将进入碎石机的矿石打碎。

矿车的无人驾驶通过其中安装的智能控制系统实现，智能控制系统由既定的运行程序、导航设备、传感设备等部分构成。运行程序指引矿车的运行路线，导航设备帮助矿车识别方向，传感设备令矿车能够感知到矿石的状态，在它们的配合下，便可以实现无人运作了。

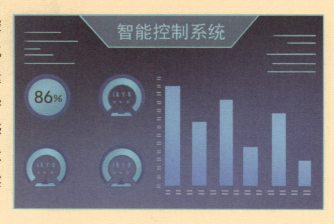

智能控制系统

86%

无人矿场工作原理

铲装设备由驾驶设备、机械臂与铲斗组成，接到驾驶设备的指令后，机械臂便会活动起来，带动铲斗的运转，从而顺利铲起矿石。

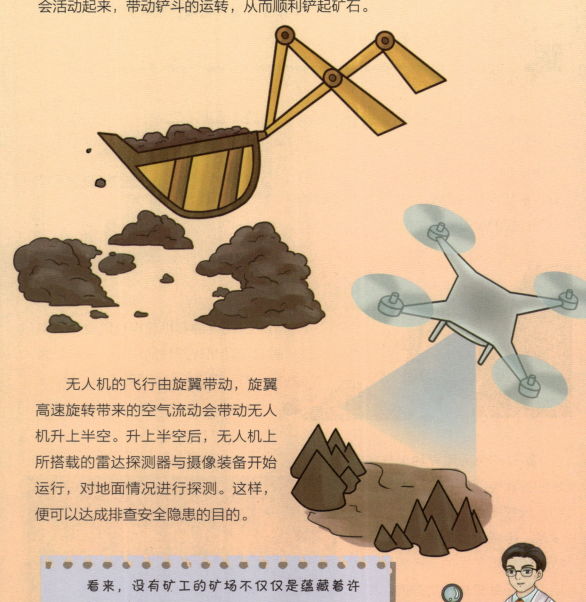

无人机的飞行由旋翼带动，旋翼高速旋转带来的空气流动会带动无人机升上半空。升上半空后，无人机上所搭载的雷达探测器与摄像装备开始运行，对地面情况进行探测。这样，便可以达成排查安全隐患的目的。

看来，没有矿工的矿场不仅仅是蕴藏着许多矿石的资源宝藏，更是汇集了许多先进技术的科学宝藏。了解这座新型矿场后，你是否对神奇的科技发明产生了兴趣呢？

会自动控温的智能冰箱

　　小华的家里多了一台会自动控温的智能冰箱。"智能冰箱和普通冰箱有什么区别呢？"小华不解地问王博士。

　　"要解释智能冰箱的独特之处，可以从智能冰箱的发展历史开始讲起。"王博士打开了他的话匣子。

　　据说，早在 2012 年，便有研究人员试图将智能技术运用到冰箱设计之中。

　　时间来到 2015 年，第一台互联网冰箱在我国诞生，拉开了互联网技术与家用冰箱相结合的序幕。随后，各种各样的智能化冰箱产品层出不穷，除了互联网技术，大数据分析、远程控制等智能技术也被应用到冰箱的设计之中，功能越来越多样的智能冰箱就这样渐渐成了有别于普通冰箱的新生产物。

　　那么，就让我们一起来看看特别的智能冰箱吧！

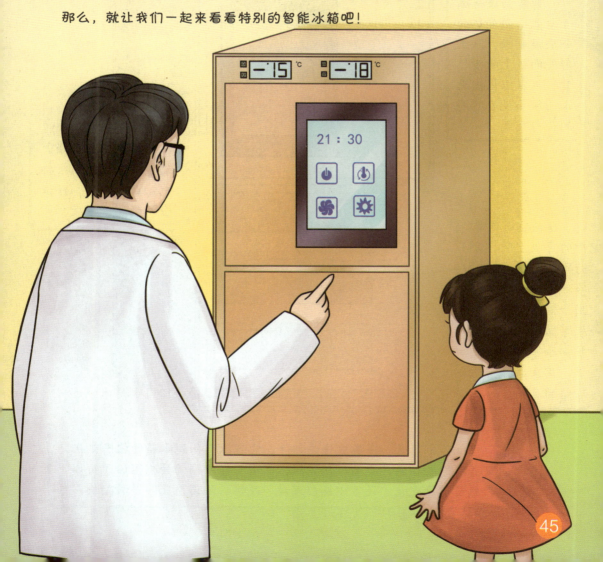

智能冰箱构成

操控软件。这是为了方便对智能冰箱的操作而设立的配套软件。在手机或者电脑上下载好软件，便可以在手机或电脑上进行查询冰箱状态、调节温度、切换运行模式等操作。

温度控制器是冰箱的温度感知装置，用来监测冰箱内部的温度情况，根据情况进行温度调节。

智能面板是位于智能冰箱外部的一块控制板，点击智能面板上的按键，便可以根据需求为冰箱设置不同的运行模式。

-15 ℃   -18 ℃

21 : 30

抗菌装置。智能冰箱内部还拥有强大的抗菌装置，用来抑制细菌的滋生，保证食材的新鲜健康。

储藏室是冰箱中的存放空间，分为冷藏室和冷冻室。冷藏室的温度适中，用于储藏蔬菜、水果等需要保鲜的食物。冷冻室温度更低，用来储存需要冻结的食物。

传感器是一个感应传递部件，它可以感知到冰箱的状态变化，并将这些信息传递给控制系统。新型智能冰箱的传感器除了可以感应温度变化，还可以感应湿度、气体、细菌情况等多种指标。

智能冰箱工作原理

那么，智能冰箱各个部分的工作原理分别是什么呢？让我们来揭晓答案吧！

储藏室能够保持低温是运用了汽化吸热、液化放热的原理。冰箱的储藏室后设有制冷剂，这些制冷剂首先会发生汽化，吸收热量，随后又会被压缩机压缩，发生液化，散发热量。就是这样的循环使得冰箱能够持续制冷。

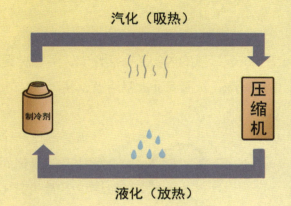

汽化（吸热）

制冷剂

压缩机

液化（放热）

智能面板实则是一台功能强大的平板电脑，将这台电脑镶嵌到冰箱中，便可以借助网络技术，实现智能冰箱与用户之间的信息传递。

温度控制器是通过热胀冷缩原理来运行的。温度控制器的感应管中装有感应液，它会随着冰箱温度的变化热胀冷缩，从而推动开关的断开与闭合。

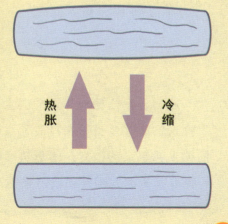

热胀　　冷缩

智能冰箱工作原理

　　抗菌装置的内部装有活性炭，活性炭具有优秀的吸附功能，它们可以吸附冰箱中的异味，从而保证冰箱洁净无菌。

　　传感器是一个电阻装置，它的阻值会随着冰箱状态的变化而变化，冰箱的控制系统会参考这种阻值的变化来做相应的调整，维持冰箱的稳定运行。

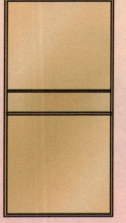

　　操作软件是手机软件系统与远程控制系统的结合，有了它们的合作，不仅可以通过手机监测冰箱的状态，还可以通过软件调节冰箱的设置。

　　冰箱的发明便利了人们的生活，而智能冰箱的诞生令人们能够享受更高品质的生活，这便是科学给人们的生活带来的改变。随着科学的进步，让我们期待有更多有趣的发明被创造出来吧！

人工智能（AI）生活：贴心的智能窗帘

　　刚刚放学回家的小华推开门，一套崭新的智能窗帘映入她的眼帘，原来这就是妈妈说的智能窗帘。古代会有这么智能的窗帘吗？小华带着满满的疑惑找到了王博士。

　　在我国古代，纸是遮挡窗户的重要材料，人们用纸糊住窗户，起到遮挡与防寒的作用。

　　到了现代，经过人们不断地发明与创造，窗帘的材质和形态已经数不胜数了，在办公室内有百叶窗帘、在教室内有遮光窗帘、在客厅里有装饰窗帘……

　　而在人工智能迅速发展的今天，更是诞生了与人工智能相结合、便捷贴心的智能窗帘。

　　下面让我们一起来看看贴心的智能窗帘吧！

智能窗帘构造

智能窗帘就像小火车一样拥有自己的轨道，只有安装在轨道上，窗帘才能够顺利移动。

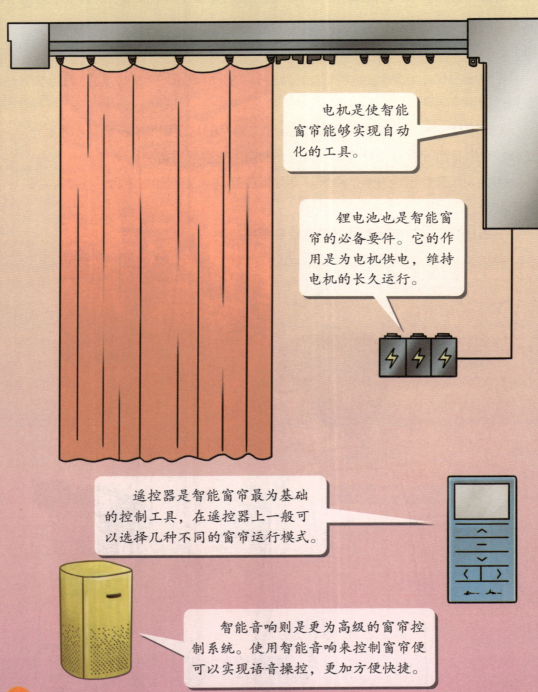

电机是使智能窗帘能够实现自动化的工具。

锂电池也是智能窗帘的必备要件。它的作用是为电机供电，维持电机的长久运行。

遥控器是智能窗帘最为基础的控制工具，在遥控器上一般可以选择几种不同的窗帘运行模式。

智能音响则是更为高级的窗帘控制系统。使用智能音响来控制窗帘便可以实现语音操控，更加方便快捷。

智能窗帘工作原理

那么，智能窗帘的工作原理又是什么呢？让我们一起来探究一下吧！

智能窗帘的轨道由滑轨、滑架和电线构成。滑轨往往设计成合金材质，以更好地支撑窗帘的重量。滑架则设计成易于滑动的材质，便于智能窗帘的开合。在这个基础上，在滑架内装好电线，轨道就能听从智能设备的指挥了。

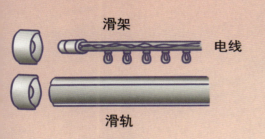

滑架

电线

滑轨

锂电池是运用不同材料之间的化学反应来实现充电的。锂电池的制作材料可分为正极材料和负极材料。正极材料一般选用锂合金金属，形成正极反应。负极材料一般选用石墨，形成负极反应。通过正负极反应的结合，锂电池便可以实现放电，从而为设备供电了。

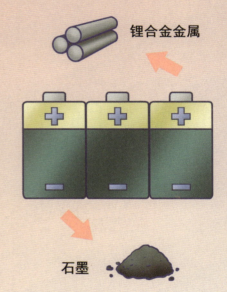

锂合金金属

石墨

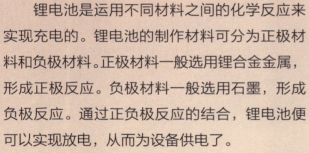

电机的运行是为了给窗帘提供动力。电机的内部设有齿轮，在电力支持下，齿轮来回翻转，带动窗帘的开合。

智能窗帘工作原理

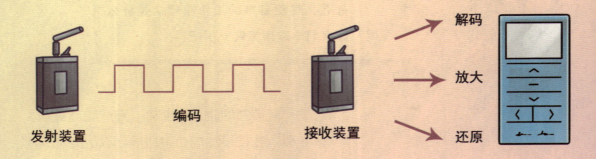

发射装置　　　　　编码　　　　　接收装置　　　解码　放大　还原

　　遥控器运行依靠信号的传递。由发射装置将信号编码后发出，接收装置会将信号接收，同时进行解码、放大与还原，还原后的电信号便可以用于驱动被遥控的设备了。

　　智能音箱的便利得益于它运载的语音交互程序，语音交互可以对外界的语音进行识别、收集、分析、理解，从而对使用者发出的指令进行反馈。

　　科技为人类带来了美好的生活，而人类的需求也反过来推动着科技的发展，在这样的良性发展下，许许多多优秀的发明随之诞生。相信随着人们的努力，我们会发明更多优秀的产品，创造更加美好的生活。

万无一失的智能消防系统

周末前，学校布置了一项特殊的作业——学习防火消防知识。小华找到王博士寻求帮助。

王博士告诉小华："消防系统可是一个庞大的家族，它们经历了很长的时间才发展成如今这样万无一失的智能消防系统。"

在我国古代，就已经有专门的防火消防部门，人们也发明出不少消防工具，如水袋、水枪、水囊等，它们大多工作原理比较基础，制作工艺比较简单。

进入现代社会，我们的防火消防系统越来越现代化，防火消防系统也进入了智能化新时代。

下面就让我们一起来了解一下万无一失的智能消防系统吧！

智能消防系统构造

火灾探测器。火灾探测器在消防系统中承担探测任务，它的功能是随时监测火灾是否发生，一旦火灾发生，它会迅速传递信号给报警器。

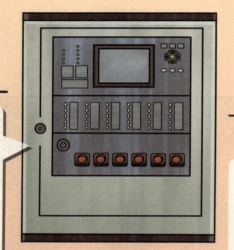

联动控制器。联动控制器是消防系统中的控制设备。如果接收到火灾发生的警报，联动控制器会按照设计好的程序启动，指挥与它连接的自动化灭火系统。

火灾报警器。火灾报警器在消防系统中起到传递信号的作用。接收到探测器的信号后，火灾报警器会迅速反应，及时将信号传递给联动控制器。

消防广播设备。消防广播同样是信号传递设备中的一员，消防广播设备通过发出警告、播报、指挥的信号来帮助现场人群及时疏散逃生。

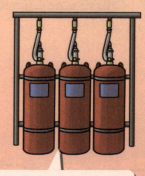

自动化灭火设施。自动化灭火设施大致可以分为给水灭火设施、气体灭火设施、分隔灭火设施。给水灭火设施包括水箱、水泵、消防水带等。我们常见的许多灭火器都属于气体灭火设施。防火门、防火窗、防火卷帘等设备则属于分隔灭火设施。

智能消防系统工作原理

了解过消防系统的基本构成，接下来，我们再来展开讲讲这些设施的工作原理。

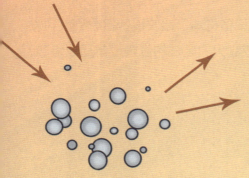

火灾探测器是利用烟雾离子对光的吸收与散射现象来工作的。当探测范围发生火灾，火灾产生的烟雾离子会吸收或反射光线，带来周围的光线变化，火灾探测器会感应到这种变化，从而感应到火灾的发生。

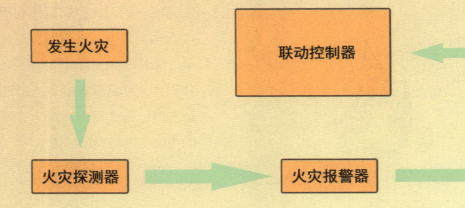

火灾报警器配有处理器与一系列逻辑程序，接收到火灾探测器的信号后，火灾报警器会根据预设好的逻辑指令，向联动控制器发送警告与指示。

联动控制器是一个由多种控制单元构成的程序。包括主控单元、回路控制单元、通信控制单元、显示操作单元等，它们通过对各种信号与指令的分析和处理完成各自的任务，一同实现对消防系统的联动控制。

智能消防系统工作原理

发生火灾	→	接收设备	→	音源设备	→	音箱设备

消防广播设备由接收设备、音源设备、音箱设备构成。接收设备接收到火灾发生信号后，会将其传递给音源设备，音源设备会控制火灾区域的音箱设备播放音源，传递火灾消息。

自动化灭火设施多种多样，它们统一的灭火逻辑就是利用各类固体、气体、水资源，通过阻隔、降温等手段阻止火势的蔓延、扑灭大火或是保证现场人群的活动空间，最大限度减少火灾带来的生命伤害与财产损失。

了解了智能的消防系统，你是否更加深入地体会到了科技的巨大价值。科技的发展不仅能提高人们的生活品质，还能提升人类保护自己的力量，在关键时刻拯救人们的生命。

智能电子秤给我的减肥方案

　　一天，小华惊奇地发现家里的电子秤竟然还可以提供减肥方案，小华好奇不已，找到王博士一探究竟。王博士告诉小华："早在我国古代，就已经出现简易的秤了，度量衡的发明就有核算重量的目的。"

　　随着社会不断发展，到了近代，自动秤诞生了，称重变得更加方便。伴随着机电一体化的到来，进入现代化的新时期，电子秤已经成了我们生活中十分常见的物件。

　　而在人工智能飞速发展的今天，智能电子秤更是带着它的神奇功能，来到了我们身边。

　　接下来，就让我们跟着王博士和小华一起看看神奇的智能电子秤吧！

智能电子秤构成

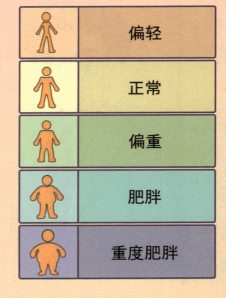

智能电子秤最外层的外壳是秤盘，它是电子秤的承重部件，我们想要称体重就必须站在秤盘上面。

压力传感器是装置在智能电子秤内部的部件，它的作用是感知人的体重并将重量转换为具体的数值。

身体指数测量系统是智能电子秤的独有部件，它的作用是测量人的体脂含量、肌肉含量、骨骼含量等反映身体健康情况的数据，提供更加智能的服务。

🧍	偏轻
🧍	正常
🧍	偏重
🧍	肥胖
🧍	重度肥胖

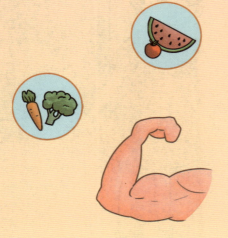

健康方案系统也是智能电子秤的特殊功能，它可以根据身体指数数据为人们提供合适的饮食与锻炼方案，帮助人们维护身体健康。

智能电子秤工作原理

接下来，让我们一起来了解一下智能电子秤的工作原理。

智能电子秤的秤盘需要以较小的秤体承载较大的重量，因此往往采用钢化玻璃这类足够坚硬的材质，以最大限度地保证秤盘的质量。

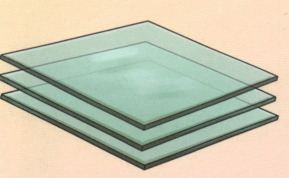

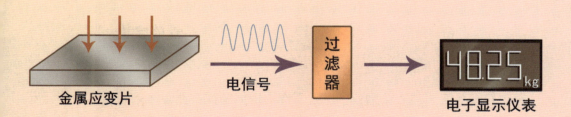

金属应变片 　电信号 　过滤器 　48.25 kg

电子显示仪表

压力传感器运用了电阻的变化原理。压力传感器内装有金属应变片，当压力作用到传感器上，应变片会发生形变，应变片的形变会带来抗阻的改变，抗阻的改变带来电信号，电信号会将感知到的重量传输给电子显示仪表。

电子显示仪表内装有过滤器，它可以将压力传感器传送过来的电子信号转化为具体的数字，呈现在显示器上。

智能电子秤工作原理

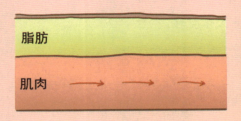

脂肪

肌肉

身体指数测量系统是利用身体中不同的组成成分的不同性质来工作。人身体里的脂肪是不导电的，水分和肌肉则容易导电，这种差异造成电流大小与电阻值的差异，测量系统会根据这种差异计算出对应成分的质量。

体脂含量

肌肉含量

骨骼含量

健康方案系统通过大数据分析进行工作。身体指数被测量出来后会被上传至云端，大数据对这些数据进行分析后，便可给出个性化的健康方案。

小小的智能电子秤中蕴藏着大大的智慧，这是科学的魅力，更是一次又一次造就了科学奇迹的科学家、发明家的成绩。让我们向他们看齐，同他们一样保持着好奇心与毅力，在探索世界的道路上不断前进吧！

自动分拣快递员

今天，小华取快递时，突然有个疑问，自动分拣快递员平日里是如何工作的呢？小华带着满满的疑问找到了王博士。

王博士打开了话匣子，滔滔不绝地回忆起来："早在古代快递就已经存在，魏晋时期，魏国人陈群等人编写的《邮驿令》是第一部邮政法规。"

到了现代，网上购物流行，快递行业进入了迅速发展的阶段，对快递分拣的效率要求也越来越高。

下面，就让我们跟着王博士一起来参观一下自动分拣快递的流程。

自动分拣快递流程

供件台是自动分拣快递流程的第一道关口，它能将快递的快递单面信息、体积、重量都扫描入库，再将快递送往下一个关口。

分类装置的作用是将供件台扫描过后的快递按照一定的分类原则归类，并自动将它们划分进不同的运输轨道。

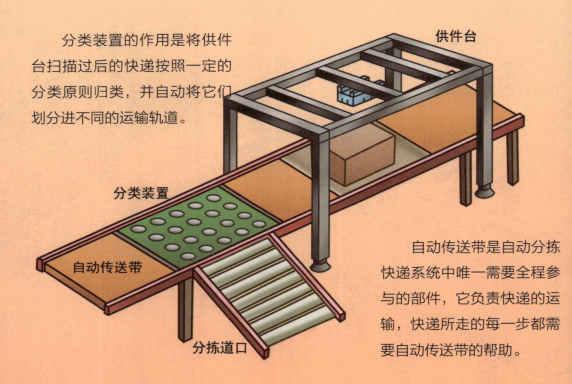

供件台

分类装置

自动传送带

分拣道口

自动传送带是自动分拣快递系统中唯一需要全程参与的部件，它负责快递的运输，快递所走的每一步都需要自动传送带的帮助。

分拣道口是快递自动分拣系统的终端，快递经过层层扫描最终被送入分拣道口，集中在分拣道口中等待快递员的处理。

中央处理器是自动分拣快递系统实现智能化与自动化的核心，它的作用是控制与指挥快递分拣系统的运转。

中央处理器

自动分拣快递工作原理

那么，如此庞大的运输系统究竟是依靠怎样的原理工作的呢？

让我们再次跟随王博士一起来探索一下。

供件台能够全方位地识别快递信息依靠的是其身上配备的智能录入系统，它可以运用远红外探测技术对快件进行识别，再通过成像技术对识别到的数据进行存档。

自动传送带的工作依靠的是电力的驱动与摩擦力的作用，电机驱动传送带后，自动传送带会开始移动，在摩擦力的作用下，自动传送带的移动会实现循环，这样就可以往复地输送快递了。

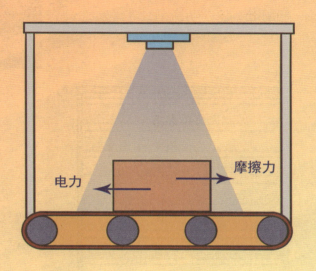

电力　摩擦力

分流　识别
中央处理器
供件　分拣

中央处理器由一系列计算机控制程序组成，这些程序分别负责处理不同的数据，回应不同的指令，从而实现对系统各个功能的控制与指挥。

自动分拣快递工作原理

分类装置是通过其中安装的转轮实现自动分类的，这些转轮被设定了不同的旋转方向，转轮的旋转会带动传送带上的快递朝不同的方向前进。

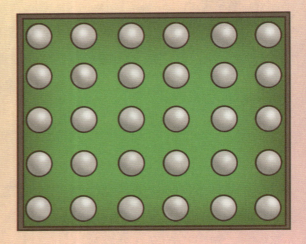

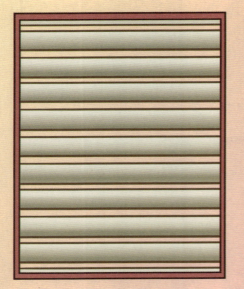

分拣道口上设有滚筒，滚筒可以促使聚集在一起的快递快速滑落，从而实现对大量快递的迅速收集。

自动分拣快递系统用科技的力量解放了快递分拣员的双手，让他们可以拥有更为舒适的工作环境，实现更为高效的工作，这便是我们努力发展科技的意义所在，也是未来我们努力发展科技的目标所在。相信在人们的努力下，未来我们可以看见更多的科技奇迹。

虚拟现实游戏，家里的游乐园

　　周末，小华体验了有趣的虚拟现实游戏。回到家后的小华意犹未尽，她找到王博士，想要进一步了解虚拟现实游戏背后的奥秘。

　　"虚拟现实游戏是什么时候诞生的呢？"小华询问王博士。

　　听了小华的问题，王博士开启了他的小课堂，将虚拟现实游戏的发展历史娓娓道来。

　　虚拟现实游戏的产生，得益于计算机的迅速发展。1993 年 11 月，宇航员第一次通过虚拟现实技术来训练，进入 21 世纪后，控制器、模拟器等设备相继出现，这些设备也被后来的虚拟现实游戏设备所应用。虚拟现实游戏应运而生，为人们开辟出一个崭新的游戏空间，让小朋友们能够更加直接体验到科技的乐趣。

　　接下来就让我们一起来看看虚拟现实游戏机的组成吧！

虚拟现实游戏机构成

头盔是虚拟现实游戏机的显示设备，戴上头盔，我们就可以见到几乎与现实无异的立体游戏场景。

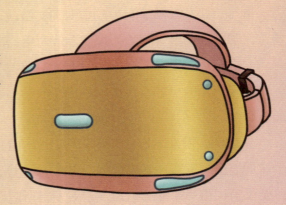

传感器是游戏手柄将接收的动作与指令信息及时传递给游戏系统的媒介，它能够感知到手柄上传来的信息，并将其传递给控制程序。

手柄是用来接收游戏者的动作与指令信息的设备，是我们启动与进行游戏的中介。

控制系统是虚拟现实游戏机得以运行的关键，游戏场景的形成与对玩家指令的反馈都需要它来实现。

数据库是控制系统的后备资料库，控制系统所形成的游戏场景、游戏模式、游戏音效都来源于数据库。

虚拟现实游戏机工作原理

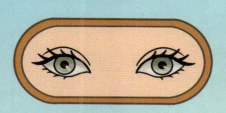

接下来，让我们一起来看看虚拟现实游戏机的工作原理。

头盔能够令玩家见到沉浸式立体化的游戏场景，是因为其巧妙地运用了人眼的视觉差异。玩家戴上头盔后，两只眼睛所能看见的场景有所不同，综合起来则会带来立体化的视觉效果。

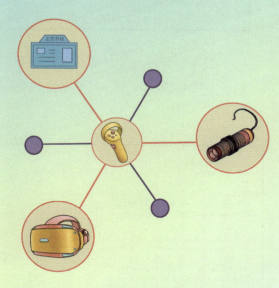

手柄本质上是一个连接设备，它通过连接头盔、传感器与控制系统来实现自己的目的。

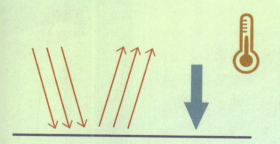

传感器是通过对各类信号的感知来运行的。外界的光线、温度、作用力对于传感器来说都是有用的信号，可帮助它识别游戏玩家的指令。

虚拟现实游戏机工作原理

主控系统

VR系统参数

任务模式

实时飞行视景

开始任务

硬件管理　　系统管理

系统状态实时监测

　　控制系统是一个计算机系统。它内置多种运行程序，各类运行程序按照需求与指令发挥各自的作用，最终形成场景逼真、功能多样的游戏系统。

```
template<typename T>
class List
{   /* class contents */
}:
List<Animal> list_of_animals;
List<Car> list_of_cars;

template<typename T>
void Swap(T & a, T & b) //"&" passes parameters by reference
{   T temp = b;   b = a;   a = temp;
}
string hello = "World!", world = "Hello, ";
Swap( world, hello );
cout << hello << world << endl;//Output is "Hello, World!"
```

数据库能够储存大量数据依靠的是代码，设计好逻辑严密的代码，数据库才能实现系统化的运行。

　　看过虚拟现实游戏机背后的奥秘，你是否又一次被科技的力量所震撼呢？但是一定要记住，我们享受科技为我们带来乐趣的同时，也千万不能沉迷在虚拟的游戏之中。

你的声音就是你的名片

最近，小华了解到一种从前没有听说过的智能设备——模拟变声器，她兴冲冲地来到了王博士家，想让王博士为她讲解模拟变声器背后的科学原理。接下来，就让我们跟随王博士一起一探究竟。

从 20 世纪开始，科学家们便开始致力于研究语音技术。

进入 21 世纪，随着计算机技术日渐精密，人工智能日益发展，机器语音、智能语音、模拟变声技术都越来越精湛。现在，模拟变声技术更是应用广泛，成为在生活中便可以接触到的智能技术。

下面，就让我们跟着王博士一起来看看它的构成吧！

模拟变声器构成

麦克风是模拟变声器的收音设备，负责收集使用者的原声，只有以使用者的原声为基础，后续的部件才能顺利发挥作用。

转换器是模拟变声器的传输部件，它负责接收与转化麦克风收集到的声音，再将这些声音信息传递给电脑控制程序。

变频元件是模拟变声器能够模拟出与使用者的原声不同的声音的关键，声音信号就是经变频元件的处理开始发生改变。

扬声器是模拟变声器的输出设备，是模拟变声器的最后一个运行环节，它的作用是将变声后的声音传播出去。

智能芯片是模拟变声器的智能转换装备，它的功能是对接收到的声音信号进行分析与解码，将其转化为我们日常听到的声音。

模拟变声器工作原理

下面，我们来看一看这些部件究竟是依靠什么原理来工作的。

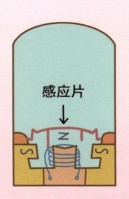

感应片

麦克风的内部设有感应片，感应片可以感受到外界声音的振动，进而形成电流，辅助收录声音。

转换器依靠电压的变化进行工作，对输入的电压进行计算后，转换器便会调整自身的电压，以达到信号转换的效果。

变频元件的工作原理是对声音的频率加以改变，进而影响到声音的调值和音色，从而完成变声。

模拟变声器工作原理

智能芯片是通过对音频信号的采集与解码进行工作的，它可以采集与转化高频率与低频率的各类音频信号，从而实现声音的准确输出。

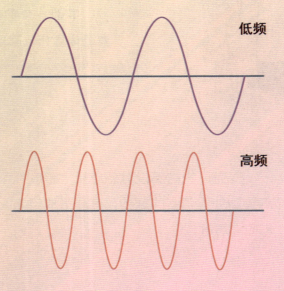

低频

高频

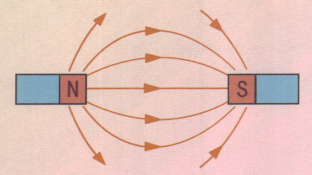

扬声器能够发出声音是利用了磁体与磁场的相互作用。扬声器内装有能够与磁场相配合的磁体，当有声音传来，磁场发挥作用，能够形成声音的振动，从而产生我们可以听见的声音。

人工智能的发展令我们的生活愈加丰富多彩，相信未来还会有更多更神奇的事物涌现。但我们也要明白，只有合理地运用智能产品，才可以真正实现科学价值。

人工智能（AI）应用：街道巡警机器人

放学回家，小华在公园门口遇到了一架街道巡警机器人，"这真是太酷了！"小华忍不住感慨。

一回到家，小华便找到了王博士，想要了解关于街道巡警机器人的知识。提到巡警机器人的发展，王博士感慨万分，声情并茂地讲述了起来。

1968年，世界第一台智能机器人诞生，当时的智能机器人只能做一些简单的环境感知工作。

随着科技进步，智能机器人越来越多样化，它们不仅能送快递，还能帮警察巡查街道。

接下来，让我们一起来看看智能的街道巡警机器人。

街道巡警机器人构造

扫描摄像头是街道巡警机器人的"眼睛",它的功能是扫描与监测负责区域内的环境变动与人流情况。

行走轮就是街道巡警机器人的"脚",有了它们,机器人便可以像一台小汽车一样自由移动。

对讲系统就是街道巡警机器人的"嘴巴",通过对讲系统,警务人员可以与街道上的人进行对话。

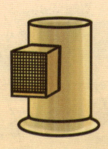

传感系统是街道巡警机器人的"神经",它的作用是感受周围的环境变化,进而做出有效反馈。

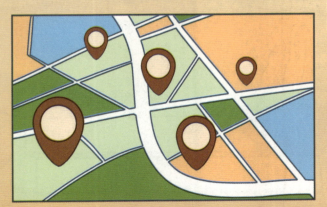

智能导航系统便是街道巡警机器人的"大脑",街道巡警机器人要想行动起来,就要靠它指挥。

街道巡警机器人工作原理

了解过街道巡警机器人的基本构造，我们再来看一看它们的工作原理。

扫描摄像头能够监测外界变化，首先是利用了光的反射现象，通过光的反射，扫描摄像头可以感知到物体的存在。接下来，扫描摄像头再利用不同信号之间的转换与传递，将光信号传递下去。

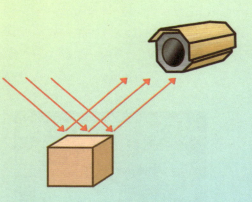

行走轮是依靠动力发挥作用的，轮子受到动力的作用后，便会开始转动，带动街道巡警机器人的移动。

对讲系统通过无线信号的传播实现对讲。对讲系统中设有精密的信号接收与输出系统，通过它们的合作，实现声音的传递。

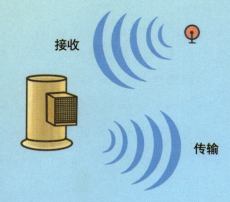

接收

传输

街道巡警机器人工作原理

传感系统依靠红外线来实现传感。通过对红外线发射、返回的状态与时间进行分析，来预测周边环境情况。

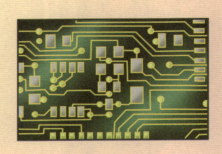

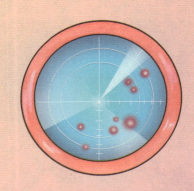

智能导航系统依靠雷达来展开工作，同时还设有高性能的电机与精密的电路，通过它们的合作运行，便能实现对街道巡警机器人的指挥。

街道巡警机器人的出现让我们看到了科技的另一种可能性，那就是科技不仅可以用于我们的生产生活，还可以用于保护我们的安全。从这个角度来看，街道巡警机器人是名副其实的最酷的新发明！

不需要钥匙的门锁

　　最近，小华家中安装了智能门锁，这是一把不需要用钥匙就可以打开的锁。好奇心强烈的小华再次找到王博士，希望王博士能帮自己探索智能门锁背后的奥秘。

　　"王博士，智能门锁是什么时候出现的呢？"

　　说到智能门锁的发展，要从电子锁的出现开始说起。20 世纪 90 年代，电子锁在我国出现，许多企业都致力于电子锁的研发与生产。转眼进入 21 世纪，网络技术发展迅速，可以连接网络的门锁也随之诞生。

　　近年来，人工智能技术的出现又掀起了智能化的浪潮，电子门锁也加入其中，我们现在所看到的智能门锁便出现啦！

　　就让我们在王博士的带领下一起来看看这把智能门锁吧！

智能门锁构成

外部的操作面板上设有显示屏与指纹识别区域，将指纹录入门锁后，只要将手指按在指纹识别区域便可以自动开锁了，显示屏则会实时显示门锁的状态。

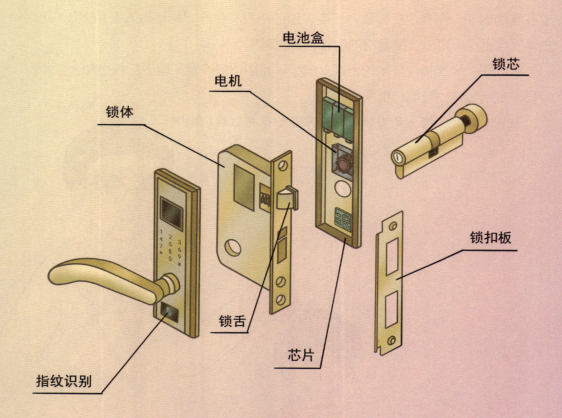

锁芯是门锁内部的核心部件，它是智能门锁能够牢牢锁住门的关键。

电机是智能门锁内部的动力部件，通过提供动力来带动智能门锁的开合。

电路是智能门锁内部的连接系统，它由不同功能的线路构成，帮助实现对智能门锁的控制。

芯片被安装在智能门锁内部，是门锁能够实现智能化的关键，它为门锁的指纹识别提供技术支持。

智能门锁工作原理

接下来，我们来看一看智能门锁的工作原理。

操作面板能够实现指纹识别是利用了不同的指纹之间的电容差异，面板内部的感应系统能够计算出电容的大小，再通过分析比较加以应用。

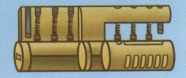

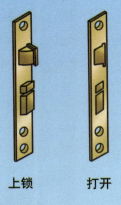

上锁　　　打开

锁芯是通过锁舌的位置来控制门锁的开闭的。锁舌被下压时，门锁便会上锁；锁舌被上提时，门锁便会被打开。

电机能够为门锁提供动力是利用了自身旋转。当电机旋转，门锁中的配套装置也会跟着旋转，从而实现开合。

智能门锁工作原理

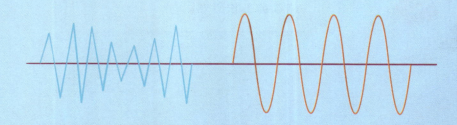

  电路依靠电流和电信号的传输发挥作用，电流和电信号经过电路被传递给控制元件，实现对门锁的智能控制。

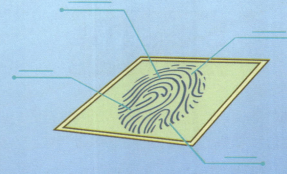

  芯片内设有指纹传感器，指纹传感器可以对操作面板接收到的指纹信息进行分析与反应，筛选出符合开锁条件的指纹。

  科技的进步催生了智能门锁，为我们的家居安全保驾护航，这就是我们发展科技所带来的实际成果。如果你也对这些能够为人类带来美好生活的发明感兴趣，就和小华一起来学习有趣的科技知识吧！

美丽的智能喷泉

　　周末，小华和王博士来到公园，一座漂亮的智能喷泉吸引了她的目光。王博士也被这美丽的喷泉表演吸引住，不禁说起了智能喷泉的历史。

　　早在几千年前，便已经有喷泉存在。1747年，清朝乾隆皇帝在圆明园修建了"谐奇趣""海晏堂"两座喷泉，但是如今已经被毁坏。如今我们的科技发展水平越来越高，喷泉所承载的功能越来越多了。它不仅可以作为装饰景观，还可以作为文化景观，代表城市的文化风貌。人工智能的发展，更是让喷泉摇身一变，成为现代化的智能喷泉。

　　接下来，就让我们一起来看看智能喷泉的几个组成部分。

智能喷泉构成

　　喷泉孔是智能喷泉的出水孔，水柱从不同大小、不同形状的喷泉孔喷出，便可以形成形态各异的喷泉。

水泵　　　　　　　　电机

　　水泵是智能喷泉的动力设备，只有连接了水泵，智能喷泉中的水流才能够向上喷出。

　　电机是喷泉水泵的驱动与调节装置，电机启动水泵也随之运行，电机转速的改变会带来水泵压力的改变，从而改变喷泉水流的高低。

　　音乐灯光控制程序是智能喷泉华丽外表背后的奥秘，将音乐与灯光程序装进智能喷泉内，便可以令水柱随着音乐与灯光的改变而改变。

　　变频控制器是辅助音乐灯光程序运行的控制装备，它可以依照音乐与灯光程序的设定来改变电机的转速，进而带来喷泉水柱的改变，从而实现想要的水柱喷射形状与速度。

智能喷泉工作原理

了解过智能喷泉的基本构造，我们再来看一看它们的工作原理。

不管什么形状的喷泉孔都会被设计得非常小，这是因为喷泉孔需要运用减小出水口横截面积的方式辅助加大水流的速度，令水流能够成功以水柱状喷出。

电机是一种电力设备，接通电源后，电机会高速旋转，从而带动水泵的运行。

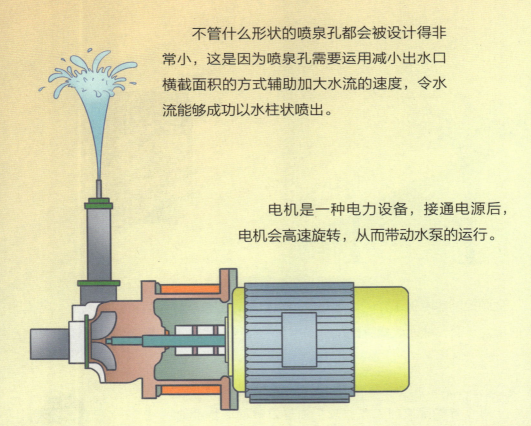

喷泉水流形成水柱的主要动力还是水泵，水泵的工作原理是给予水流足够的压力，水泵的动力越足，施加给水流的压力越大，形成的喷泉水柱越明显。

智能喷泉工作原理

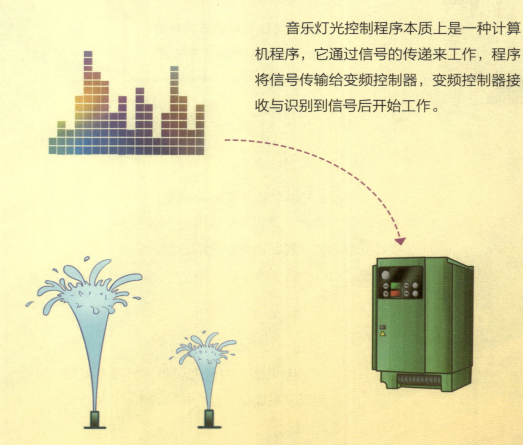

音乐灯光控制程序本质上是一种计算机程序，它通过信号的传递来工作，程序将信号传输给变频控制器，变频控制器接收与识别到信号后开始工作。

变频控制器电机工作的原理是改变电机运行的频率，当运行频率改变，电机的转速也会改变，从而改变其控制下的水泵的运行速度，进而影响喷泉水柱的大小。

看过智能喷泉的工作原理，你是否被智能技术的神奇所震撼呢？其实，智能技术早已应用在我们生活中的方方面面了，只要你拥有一双善于发现的眼睛，就可以发现它们！

无人仓库

最近，小华又听说了一个新发明，它是不需要依靠人力看守的无人仓库。无人仓库是怎样来保证货物安全的呢？小华百思不得其解，只好寻求王博士的帮助。

王博士告诉小华："1874年法国的朱尔·让桑发明了监控摄像机，让无人仓库有了基础。1987年我们国家也开始使用摄像头，人们将摄像头安装在仓库。随着时代进步，实现计算机联动控制了，仓库便不再需要人工看守。"

现在，人工智能技术越来越发达，仓库的远程控制功能也越来越完善，无人仓库已经成为未来仓库发展的新趋势。

接下来，就让我们跟着王博士和小华一起来参观一下智能化的无人仓库吧！

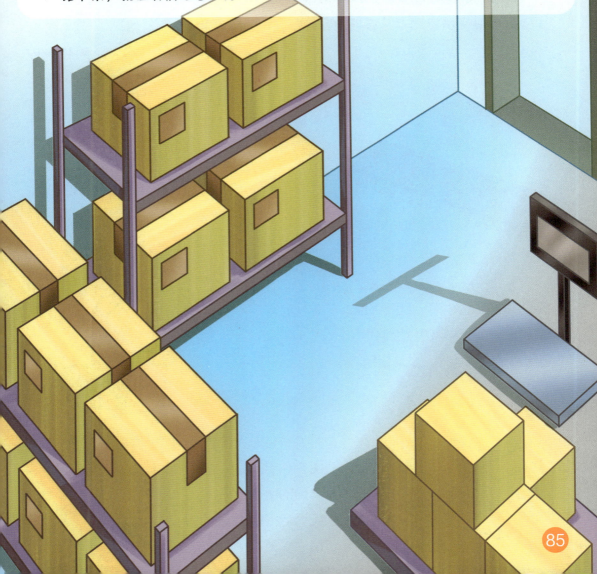

无人仓库构成

监控摄像头是无人仓库最基础的部件，它被安装在无人仓库的各个角落，替代人力，时刻监测并储存记录仓库内的情况。

传感设备的功能是感知火灾、潮湿、人为入侵等环境变动，并将感知到的变化以信号的形式传递出去。

气体探头

温湿度探头

水浸监测

单片机是无人仓库监控系统的控制中枢，监控系统能够根据指令给出相应的反馈就是依靠单片机来实现的。

报警装置是无人仓库监控系统的通信部件，一旦受到监控器与传感器送来的危险信号，它便会迅速向总控台发送警报。

总控系统是无人监控系统的操作端，工作人员只需在控制室的总控系统前监测，便可以知悉仓库内的所有情况，也可以随时调节仓库监控系统的运行模式。

无人仓库工作原理

接下来就让我们进一步了解无人仓库监控系统的工作原理吧。

监控摄像头利用光线的反射与折射原理成像，记录外部的情况，形成画面。再通过内部线路将画面以电子信号的形式传输给监控系统的其他部件。

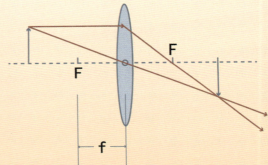

传感设备的工作原理是不同信号之间的传输。它将从无人仓库中感知到的各类信号转换为控制系统可以识别的电信号，传送给控制系统，辅助控制系统工作。

单片机是一块小小的智能芯片，它主要通过内部的控制器与储存器进行工作。控制器、储存器与其他零部件通过电路被连接到一起，它们一同实现单片机对仓库监控系统的控制。

无人仓库工作原理

报警装置能够实现警报的传递是依靠无线通信技术，无线通信以卫星作为中转，实现信号的远距离传输。

总控系统凭借内部的计算机系统与外部的操控系统进行工作。计算机系统依靠各类逻辑程序运作，它们分管储存、控制、执行等各个功能。

无人仓库监控系统运用了多种人工智能技术，最终实现既便捷又安全的使用效果，可以说它是科技的集合、人类智慧的结晶。了解了这些技术的神奇之处后，你是否也对科学产生了一些兴趣呢！

华丽的舞台美术

　　节日期间，电视里播放着盛大的文艺晚会。"这样华丽的舞台，是怎样搭建起来的呢？"小华不禁向王博士问道。

　　"它们的背后，是一整个成熟的舞台美术系统。"王博士回答。

　　早在古代，便已经有舞台美术的雏形了，我国的传统艺术戏曲，会使用帷帐进行舞台布景，西方的戏剧舞台，同样会进行表演场地的装饰，这些或许可以被视为最初的舞台美术意识。

　　随着时代的进步，各类灯具进入千家万户，也进入了表演舞台，人们开始在舞台上加入灯具装饰。如今舞台美术已经成为集合了许多设备的专业系统了。

　　那么，就让我们一起来看看舞台美术系统的构造吧！

舞台美术系统构造

灯光系统是指包括排灯、幕灯、聚光灯、投影灯等多种类型灯具的灯光组合，不同类型的灯具有着不同的光线特点。它们的作用是为舞台提供稳定、明亮的光源，在这个基础上通过不同种类的排列组合打造出更加艺术化的舞台美术效果。

舞台显示屏是置于舞台后端的高清显示屏幕，它可以放映多种多样的视频或美术动画，进一步丰富舞台效果。

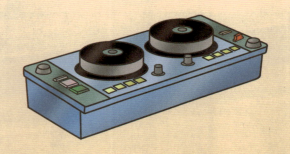

音乐系统承担了舞台的音乐效果，它主要由一系列调音设备、音响设备、播放设备以及话筒设备组成。

中枢控制系统是用来对舞台进行集中调控的部件，它的功能强大，在中控区域，工作人员可以对整个舞美系统进行统一调节。

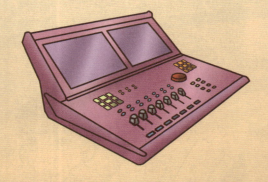

智能开关系统的作用是调动其他部件运行，它除了可以即时开关，一般还具有定时开关的功能。

舞台美术工作原理

接下来，我们再跟随王博士的脚步，一起来探究一下舞台美术系统的工作原理。

舞台显示屏一般由处理器、扫描版、显示器等部分构成，它们通过数据的传输来联动工作，形成图像。

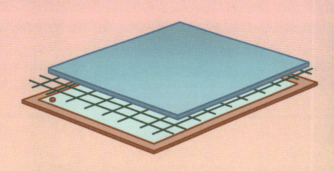

灯光系统利用光的折射与反射效果进行工作，通过光的折射可以形成聚光效果，而通过光的反射则可以形成幻灯效果。

音乐系统中的各种声音设备有着不同的运行机制，如调音设备主要依靠声音信号的传输来运行，播放设备通过电压的变化实现调节，音响设备利用磁体部件来进行工作。

舞台美术工作原理

中枢控制系统主要由计算机设备带动，通过各类计算机软件程序与硬件设备同时工作达到对舞台效果进行统一调控的目的。

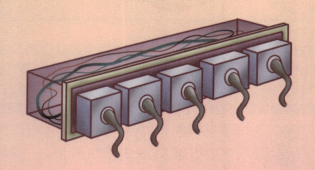

智能开关系统由复杂的电子线路和精密的控制程序来控制，预设好的程序用来指挥设备的开闭与运行模式，电路负责连接各种设备。

舞台美术系统华丽的效果背后，是许多科技人员的努力研发和许多工作人员的辛勤搭建，我们在享受他们的劳动果实、体会科技神奇的同时，也不要忘了向幕后的研发与工作人员致敬！